Schriften des Verbandes Deutscher Diplom-Ingenieure XIII.

Die Organisationsfrage der akademischen Ingenieure

Von Dipl.-Ing. K. Fried

Berlin W.
Verlag von M. Krayn
1922

INHALT

I.

Die Entwicklung der Frage.

Als um die Jahrhundertwende den Technischen Hochschulen das Promotionsrecht verliehen wurde, sollte damit auch eine nach außen zur Geltung kommende Gleichstellung mit den Universitäten erzielt werden. Deshalb war auch die Einführung eines akademischen Schlußexamens notwendig und eine Bezeichnung der so approbierten akademischen Techniker, die diese als Ingenieure mit abgeschlossener Hochschulbildung kennzeichnete. Auf der einen Seite war so die Einführung der akademischen Grade Dipl.-Ing. und Dr.-Ing. (oder Doktor der technischen Wissenschaften) eine Anerkennung für den hohen Stand der wissenschaftlichen Technik und deren außerordentlichen Bedeutung für die Zukunft der deutschen Industrie und der gesamten Wirtschaft. Andererseits beruhten diese Maßnahmen aber auch auf der Erkenntnis, daß der Einfluß der akademischen Techniker in Staat und Wirtschaft, die Erhaltung und Weiterentwicklung des hohen Standes technischen Könnens nur erzielt werden könne, wenn den Studierenden ein Ansporn gegeben wird, wenn eben Prüfungen eingeführt werden, denen eine dauernde Bedeutung innewohnt.

Es sollte sich ein akademischer Ingenieurstand besten Wissens und Könnens entwickeln, der vermöge seines allgemeinen Ansehens entscheidenden Einfluß auf das staatliche Leben nehmen würde. Technisches und technisch-wirtschaftliches Denken sollte mit der wachsenden Geltung der akademischen Ingenieure das Leben durchdringen und der Technik den Platz sichern, der ihr vermöge ihrer kulturellen Leistungen in Zukunft mehr und mehr zukommt.

Daß man bei der Verleihung des Promotionsrechtes sehr wohl diese Entwicklung im Auge hatte, das geht auch aus der Ansprache Kaiser Wilhelms II. bei der Einweihung der Technischen Hochschule zu Breslau am 29. Nov. 1910 klar hervor. Er hatte die Bedeutung der wissenschaftlichen Technik für die Zukunft, die Bedeutung eines leistungsfähigen, den Beruf von höherem Gesichtspunkte ausübenden Ingenieurstandes erkannt und wollte ihm den Weg zum Aufstieg ebnen. Als eine der Aufgaben, deren Lösung er von den akademischen Ingenieuren erwartete, bezeichnete er die sozialen Probleme. Und in der Tat, keine Berufsgruppe besitzt die zur Lösung erforderlichen Vorbedingungen in gleichem Maße wie der Techniker.

Wenn wir heute zurücksehen auf die tatsächlich erfolgte Entwicklung und uns die Kräfte vergegenwärtigen, die heute versuchen, die sozialen Fragen einer Lösung entgegenzuführen, so muß resigniert eingestanden werden, daß sich keine der um die Jahrhundertwende gehegten Hoffnungen auch nur annähernd erfüllt hat.

Wohl hat die wissenschaftliche Technik und mit ihr die industrielle in Deutschland nie geahnte Fortschritte gemacht, ihre Leistungen für die Wirtschaft und Kultur sind unbestritten. Aber der Ingenieur selbst blieb dabei nur der stille, bescheidene Diener, er gelangte nicht mit an das Steuerrad des staatlichen Lebens.

Der Krieg gegen eine Welt von Feinden, gegen die vereinigte Technik und Industrie mit an erster Stelle industrieller und technischer Leistung stehenden Staaten, hat der breiten Masse erstmalig zum Bewußtsein gebracht, welche Bedeutung der Technik innewohnt. Daraus aber auch die notwendigen Folgerungen zu ziehen, um dem technischen Geiste auch den Einfluß zu geben, damit der Entfaltung freie Bahn geschaffen ist, dazu war es nicht gekommen. Die alles Bestehende zu zerstören drohende Revolution konnte keine Aenderung bringen, weil der Massengeist die erste Rolle spielte und noch spielt, die Ingenieure aber keine Masse sind. Die sozialen Fragen, die vordem ohne den Ingenieur zu lösen versucht wurden, sie werden auch heute, und das noch mehr, ohne den Ingenieur behandelt. Führer des Volkes sollten die Ingenieure sein, sie konnten es nicht werden, und die schwerwiegendsten Dinge werden ohne sie und über ihre Köpfe hinweg von Kräften geregelt, die im subjektiven Denken erzogen, die dem Boden der Verfechtung einseitiger Interessenpolitik entsprossen. Und findet sich da und dort ein Ingenieur darunter, so verhallt seine Stimme, wenn er wirklich auch im Innersten Ingenieur ist, in der Masse wirkungslos, oder er führt nur den Namen Ingenieur, hat aber von dem Ingenieurgeist wenig oder keinen Hauch verspürt.

Daß es so gekommen ist, daran tragen die akademischen Ingenieure ein gerüttelt Maß an Schuld. Wenn heute Gesetze gemacht werden, die in das Leben, in die Berufsausübung der Ingenieure tief eingreifen, wenn heute Massenmeinung entscheidet über Dinge, die nur von der Warte des objektiv und, mit dem Blick auf das Wohl des Ganzen gerichtet, selbstlos denkenden Ingenieurs beurteilt werden können, so müssen die den Massenbeschluß grollend über sich ergehen lassenden Ingenieure sich an die Brust schlagen und bekennen, daß sie das Geschehen selbst verschuldet haben. Und wenn von mehr als einer Seite der Ingenieur als nicht geeignet betrachtet wird, an der Staatsmaschine als Lenker zu stehen, wenn er selbst vom Kaufmann nur als ausübende, nicht leitende Funktion gewertet wird, so hat dies seine Berechtigung, weil er in der Vergangenheit es versäumt hat, an der Lösung der ihm im Rahmen des öffentlichen Lebens gestellten Aufgaben mitzuarbeiten.

Man führt als Entschuldigung an, daß der im Getriebe technischer und industrieller Arbeit stehende Ingenieur bei dem immer schneller werdenden Arbeitstempo keine Zeit hatte, sich auch anderen als fachlichen und den damit zusammenhängenden engeren Wirtschaftsfragen zu widmen. Das mag für den Einzelnen, der vielleicht die Fähigkeiten zur Betätigung im öffentlichen Leben in sich trägt, eine Entschuldigung sein, die allgemeine Schuld dem Volksganzen gegenüber bleibt bestehen. Denn jeder akademische Ingenieur hätte zur Lösung der hohen Aufgaben beitragen können, weil diese Lösung nicht durch den Einzelnen letzten Endes herbeigeführt werden konnte, sondern nur durch die Gesamtheit der akademischen Ingenieure, durch den geschlossenen Berufsstand, der sich für die Weiterentwicklung des Standes und für die Allgemeinheit hätte einsetzen müssen.

Es kann keine Frage sein, daß die Erfüllung aller Forderungen nur durch eine Organisation zu lösen war. Heute, wo der Einfluß der Organisation um so mächtiger gegenüber dem Einfluß des Einzelnen geworden ist, wird dies wohl allgemeiner eingesehen werden, als vor zwanzig Jahren. Der Zustand, unter dem die Ingenieure heute, soweit sie nicht wirtschaftspolitisch nach dem Massengrundsatz orientiert sind, leiden, ist eine Funktion der nicht rechtzeitig gelösten Organisationsfrage.

Fast zusammenfallend mit der äußeren Gleichstellung der Technischen Hochschulen mit den Universitäten wurde diese Organisationsfrage akut. Die akademischen Ingenieure wurden durch diese Maßnahmen in den Sattel gesetzt, sie hätten nun aber auch selbst reiten müssen. Dazu erwiesen sie sich aber nicht tauglich. Es wäre not gewesen, daß man ihnen auch noch behördlich die Organisation geregelt hätte. Die Gründe für dieses manchem, namentlich den Angehörigen anderer akademischer Berufe, unverständliche Versagen sind mannigfacher Art; sie können hier im einzelnen nicht erörtert werden. Die Hauptursache lag in dem Verhalten der Ingenieure, die vor dem Promotionserlaß größtenteils ohne Prüfung die Hochschule verlassen haben und in der Praxis standen; in ihrem Verhalten sowohl zu der Organisationsfrage im allgemeinen sowie gegenüber den nun von den Technischen Hochschulen in die Industrie usw. eintretenden Diplom-Ingenieuren. Es ist eine, psychologisch vielleicht erklärbare, aber praktisch nicht zu entschuldigende Tatsache, daß diese älteren akademischen Ingenieure sich vielfach den Diplom-Ingenieuren ablehnend, zum mindesten aber nicht sie fördernd gegenüberstellten. Um 1900 wäre die Organisationsfrage recht einfach zu lösen gewesen, wenn sich die damaligen akademischen Ingenieure zusammengeschlossen hätten, ohne Rücksicht auf das Sonderfach, auf die Berufsstellung usw., und so die Basis für den Aufbau der Standesorganisation der akademischen Ingenieure und des Berufsstandes selbst gebildet hätten. Nicht frei von Schuld waren auch die Technischen Hochschulen bezw. deren Lehrkörper selbst, die keine Gemeinschaft mit den Diplom-Ingenieuren pflegten.

Unter diesen Umständen, zu denen zahlreiche andere, wie beispielsweise die Frage der Staatslaufbahn, die der Mittelschulen, namentlich der privaten, kamen, konnte es nicht wundernehmen, daß sich in der Folgezeit keine der Hoffnungen verwirklichte, die an den Promotionserlaß geknüpft wurden. Daß sich nicht einmal der Dipl.-Ing. durchsetzen konnte, ja, daß sein Träger vielfach um seines akademischen Grades willen zurückgesetzt wurde.

Zehn Jahre lang gab es Diplom-Ingenieure, und die Oeffentlichkeit nahm davon keine Notiz, auch in der Industrie kannte man sie als solche nicht. Zehn Jahre nach der Einführung dieser Standesbezeichnung mußte ihr Träger noch einen Kampf um seine Geltung führen, in dem der Einzelne, der Ablehnung und auch oft des Spottes müde, erlahmte und Verzicht leistete.

Nach mehrfachen gescheiterten Versuchen. die Frage zu lösen, trat 1909 der Verband Deutscher Diplom-Ingenieure (VDDI) auf den Plan. Durch ihn hoffte man, die Kräfte zu sammeln, um den den akademischen Ingenieuren gestellten allgemeinen Aufgaben gerecht zu werden. Daß dies das große Ziel des Verbandes war, das sprach klar und eindeutig sein Führer Dipl.-Ing. Dr. Alexander Lang im ersten Jahresbericht aus, in dem er die Aufgabe des Verbandes in die Worte kleidete:

„Fortentwicklung unseres Staats- und Wirtschaftslebens im Sinne der Stärkung des Einflusses der technisch-wissenschaftlichen Intelligenz."

Die Grundlage der Organisation waren die Diplom-Ingenieure. Das war ein Fehler, man mußte die Basis weiter fassen, wie oben dargelegt, auf die alten akademischen Ingenieure zurückgreifen. Aber es war leider zu leicht erklärlich, warum diese Abschließung kam: sie war eine Folge des Verhaltens der alten Ingenieure den jungen Diplom-Ingenieuren gegenüber in den letzten zehn Jahren vor der Verbandsgründung. Die Ausschließung der Akademiker, die nicht den akademischen Grad Dipl.-Ing. besaßen, war auch teilweise Ursache, daß die Technischen Hochschulen dem Verbande nicht das beide Teile fördernde Interesse entgegenbrachten. Durch den VDDI konnte die Organisationsfrage gelöst werden, und sie wäre vielleicht gelöst worden, wenn er früher gegründet oder ihm eine längere Frist ruhiger Entwicklung zur Verfügung gestanden hätte.

Der ausbrechende Krieg hat diese Entwicklung unterbunden. Der Verband befand sich zweifellos auf dem Wege, die Probleme, die dem akademischen Ingenieur gestellt sind, im Rahmen der damaligen allgemeinen Verhältnisse trotz der erheblichen Widerstände zu lösen oder doch der Lösung näher zu bringen. Die Organisationsfrage selbst hat er nicht gelöst, die Revolution verhinderte das, sie warf neue Probleme in die Diskussion und offenbarte durch dieselben klar die Fehler des Verbandes und aber auch die Schuld der Diplom-Ingenieure selbst.

II.

Die Organisation vor der Umwälzung.

Die Zusammenschlüsse, die um die Jahrhundertwende im technischen Berufe bestanden, waren in der Hauptsache fachlich orientierte Vereine und Verbände, die nur gelegentlich soziale Fragen erörterten, von Standespolitik aber ganz absehen mußten, da sie dazu nicht die erforderliche Einheit besaßen. Wo da und dort einmal eine solche Aufgabe angegriffen wurde, mußte sie bald wieder fallen gelassen werden; wenn schließlich auch in einem der Bezirksvereine die Vorbedingungen zur Verfolgung solcher Fragen günstige waren, in der Gesamtheit des Vereines fehlten sie, so daß es meist bei Anregungen oder Teilbeschlüssen bleiben mußte. Die mehr wirtschaftlich gerichteten Verbände umfaßten nur mittlere Techniker (Deutscher Technikerverband) oder Werkmeister (Deutscher Werkmeisterverband). Die beiden genannten Verbände der mittleren Techniker und der Werkmeister waren im Grunde genommen berufsständische

Organisationen; ihre Mitgliederschaft baute sich auf dem Berufe ohne Rücksicht auf die wirtschaftliche Abhängigkeit oder Unabhängigkeit auf. Das sollte aber bald anders kommen.

Die großen und alten Fachvereine zeigten in der Folge kein Verständnis für die tiefere Idee, die in der Verleihung des Promotionsrechtes an die Technischen Hochschulen lag: die Entwicklung eines akademischen Ingenieurstandes. Der Gedanke, daß ein solcher geschlossener Stand, dessen Träger vermöge ihrer hohen Ausbildung und der durch die Standesverfassung gepflegten und überwachten Berufsauffassung sich nicht in einem Streben einseitiger wirtschaftlicher Interessenvertretung verlieren, Großes für den Beruf und die Allgemeinheit leisten würde und Einfluß auf die Leitung des Staates erlangen müßte, konnte sich nicht durchsetzen.

So sahen einzelne in dem neu erstandenen Verband Deutscher Diplom-Ingenieure einen unerwünschten Wettbewerb, andere schalten auf Kastengeist, auf Standesdünkel, und wie all die Bezeichnungen lauten mochten, mit denen man eine große Idee abzutun glaubte. Die Folgezeit und mehr noch die heutigen Zustände offenbarten, daß es des Schweißes der Edlen wert gewesen wäre, den im Zusammenschluß der akademischen Ingenieure steckenden gesunden und zukunftsreichen Kern herauszuschälen und ihn weiter zu entwickeln.

Die einsetzende, nicht geahnte Entwicklung der deutschen Industrie hatte zur Folge, daß sich die Zahl der technischen Hilfskräfte außerordentlich vermehrte, das Mittelschulwesen blühte mehr und mehr auf, es schuf allmählich ein Ueberangebot, und schließlich mußte neben der Arbeiterfrage die der Angestellten auftauchen. Ein zweites Proletariat war im Werden, und es fand 1904 seinen Ausdruck in der Gründung der ersten Gewerkschaft von technischen Angestellten, die bewußt den Weg der Arbeiterorganisationen von Anfang an beschritt. Dem akademischen Ingenieur in der Industrie stand aber keine Organisation zur Verfügung, die ihm bei den ins Riesenhafte wachsenden industriellen Verhältnissen eine Stütze gewesen wäre. Der junge Diplom-Ingenieur fand auf der einen Seite in den Fachverbänden wohl fachliche Förderung, aber er erfuhr seitens der älteren Ingenieure keine Förderung in jenen Imponderabilien, die nun einmal zum Leben gehören und ohne deren Pflege er zum geistigen Lohnarbeiter unweigerlich herabsinken muß. Wie sehr die Verhältnisse verkannt wurden, erhellt aus einer Veröffentlichung von Dr. Beck in „Dokumente des Fortschritts"*), der die gewerkschaftliche Organisation des Bundes der technisch-industriellen Beamten als die Organisation auch der akademischen Ingenieure bezeichnet, der es als richtig erklärte, einerseits dem reinen Fachverein (der V. d. I.), andererseits der genannten Gewerkschaft anzugehören. So wäre alles in bester Ordnung, der Fachverein sorgt für die beruflich-fachliche Weiterbildung, die Gewerkschaft für die Befriedigung der wirtschaftlichen und sozialen Bedürfnisse.

Wie Dr. Beck dachten damals viele; sie hatten nicht erkannt, daß es sich hier letzten Endes um die Proletarisierung der Ingenieure drehte, daß hier eine neue Klasse im Werden war, die nach ihrer Erstarkung sicher mit der Arbeiterklasse vereint zum Schlage ausholen würde. Das Verhalten der alten Ingenieure führte, wie ja die Folge für den, der auch sehen will, gezeigt hat, zur Verschärfung der Klassengegensätze im deutschen Volke, mußte dazu führen, daß die Schicht, die von der Berufsausübung noch eine höhere Meinung hatte und aus der normalerweise die künftigen Führer erstehen sollten, schließlich in einem klassenpolitisch gerichteten Zusammenschluß endete.

Daß dies bei den Ingenieuren nicht schon in größerem Maße vor dem Kriege offensichtlich wurde. ist das unbestrittene Verdienst des Verbandes Deutscher Diplom-Ingenieure. Er war ein Hemmschuh auf dem nach abwärts führenden Wege. Es ist ihm nicht gelungen, den Wagen zum Halten zu bringen, weil starke Kräfte teils mit schieben halfen, teils völlig untätig beiseite standen.

---

*) 1909, Nr. 8, Seite 601.

Im Verband Deutscher Diplom-Ingenieure hatte man, je länger, je mehr, erkannt, daß die ins Rollen gekommene Klassenbewegung für die akademischen Ingenieure eine ungeheure Gefahr bedeutet, daß mit ihr der Beruf selbst leiden wird, daß der Kampf der Individualisten mit der Masse unvermeidlich heraufzieht. Dem Untergang in der Masse konnte nur durch den geschlossenen Berufsstand vorgebeugt werden. Deshalb mußte schon aus diesem Grunde die „Ingenieurfrage" kommen, die außerdem auch noch ihre Ursache in den offenen und von Einsichtigen in den anderen Lagern nicht geleugneten Mißständen im Ingenieurberufe hatte.

Noch einmal war eine große Gelegenheit gegeben, den Steuerhebel herumzuwerfen, einen Ingenieurstand zu schaffen, der bei liberaler Ausgestaltung seiner Verfassung in der Lage war, Großes für die Industrie, die Wirtschaft und damit für die Allgemeinheit zu leisten. Auch diesmal erkannte man nicht, daß hier ein Wendepunkt lag, daß hier vorausschauend Vorarbeit für die berufsständische Idee geleistet wurde, die heute mehr als damals zutage tritt. Die Verschärfung der Klassengegensätze erblickte man in dieser Idee, die doch wie keine andere berufen war, bei richtiger Durchführung hemmend einzugreifen. Man hat sich gar nicht die Mühe gegeben, die Frage überhaupt ernsthaft aufzugreifen; wenn das geschehen wäre, es hätten sich zweifellos Mittel und Wege gefunden, um Schärfen zu vermeiden, um der Verfassung die Form zu geben, die der Mehrzahl gerecht geworden wäre. Mit dem Schagwort der Verschärfung der Klassengegensätze hat man weite Kreise gegen den Verband Deutscher Diplom-Ingenieure mobil gemacht. Zu spät kam die Erkenntnis des gesunden Kernes, der helfenden Idee in der Forderung nach dem Berufsschutz. Die hereinbrechende Revolution fegte die letzte Illusion derer hinweg, die an eine Milderung der Klassengegensätze durch den Fachverein auf der einen Seite und die Gewerkschaft auf der anderen glaubte.

Der Fachverein, und war er noch so mächtig und an Mitgliedern reich, verlor seine Bedeutung für die das öffentliche Leben, die Wirtschaft und Sozialpolitik regelnden Faktoren. Die Führung übernahmen restlos die klassenpolitischen Organisationen. Der Ingenieur aber beugte sich der Masse, der Ingenieur hat nichts mehr zu sagen. Der Einzelne stand hilflos im brandenden Meere der Umwälzung, und keine Organisation war da, um ihm in seiner Not zu helfen.

Am 9. November 1918 wurde die Quittung ausgestellt für alle, die sich gegen die rettende Idee gestemmt hatten; auch der letzte Sehende mußte bekennen, daß er mitschuldig ist an dem, was nun einsetzte: die völlige Einflußlosigkeit der deutschen Ingenieure in einer Zeit, wo gerade das Wissen und Können eines höchststehenden Berufsstandes, der eng mit der Wirtschaft verwachsen ist, am nötigsten war, wo wir Führer, erzogen im technischen Denken, wo wir den Ingenieurgeist brauchten.

III.

Nach der Umwälzung.

Die wirtschaftliche Revolution begann mit der Verabschiedung des Hilfsdienstgesetzes und wurde allgemein erkennbar am 15. November 1918, als das bekannte Abkommen zwischen den Arbeitgeberverbänden und den Gewerkschaften geschlossen wurde. Wenige Tage vorher hatte die politische Umwälzung eingesetzt, die aber, da ihr ein großer Gedanke, ein leitendes Ziel fehlte, bald von der wirtschaftlichen abgelöst wurde. Was kam, ist noch in frischer Erinnerung. Die klassenpolitisch gerichtete Masse der Arbeiter und Angestellten ergriffen die Führung, und, wie das die Folge der Massenpolitik sein mußte, die Bewertung der geistigen Tätigkeit sank von Stufe zu Stufe.

Dem standen die akademischen Ingenieure machtlos gegenüber. Die Fachverbände taten nichts, eine machtvolle Berufsorganisation gab es nicht. Der Verband Deutscher Diplom-Ingenieure, durch den Krieg und durch die mächtigen Gegner geschwächt, versuchte einzuspringen, wo es ihm nur möglich war. Aber seinem Drange, zu helfen und für die Ingenieure wie für den Beruf zu retten, was noch möglich erschien, war eine enge Grenze gesteckt.

Wie weit die Verwirrung durch die Angriffe gegen die Arbeit des Verbandes und durch die Umwälzung gediehen war, dafür ist Beweis, daß nun die Ingenieure sich nicht an die Brust schlugen und ihre eigene Schuld bekannten, sondern die Schuld an ihrer Hilflosigkeit dem VDDI in die Schuhe schoben, dessen Grundlage falsch sei. Die Gewerkschaftsfrage trat auf und beherrschte die nächste Zeit, eine zielbewußte Verbandsarbeit, durch die noch gar manches zu retten gewesen wäre, lähmend.

Die noch auf den ersten Sprossen der Berufsleiter eines akademischen Ingenieurs stehenden Diplom-Ingenieure der Industrie fühlten sich „ungeschützt", ihre wirtschaftlichen und sozialen Interessen unvertreten. Die überall in wachsender Zahl und Ausdehnung abgeschlossenen Tarife nahmen keine Rücksicht darauf, welche Vorbildung der einzelne Arbeitnehmer hat: die die Tarife abschließenden Organisationen stellten sich auf den zweifellos an und für sich richtigen Standpunkt, daß der Tarif nur auf „Leistung" aufgebaut werden kann. Daß da und dort natürlich diese Tarifgrundlage nicht immer in voller Reinheit verwirklicht wurde, ändert an der Grundsätzlichkeit nichts. Die akademischen Ingenieure, durch die allgemeine Verbindlichkeitserklärung der Tarife diesen ebenfalls unterstellt, fühlten sich benachteiligt, da bei dieser Entlohnung die für die Berufsausbildung aufgewendete erhöhte Zeit und das dabei verzehrte Kapital unberücksichtigt blieb.

Zu der Tariffrage kamen weitere; die Schaffung arbeitsrechtlicher Gesetze wurde in Angriff genommen, die „Betriebsdemokratie" wurde begonnen einzuführen. Die akademischen Ingenieure sahen sich von der Mitwirkung an allen damit zusammenhängenden Aufgaben ausgeschlossen. Die Befürchtung wurde erhoben, daß über ihre Köpfe hinweg bindende Abmachungen getroffen werden, Gesetze in Kraft treten, die ihre ureigensten Interessen in weitgehendem Maße berühren; daß schließlich eine dauernde Schädigung der wirtschaftlichen Belange und letzten Endes des beruflichen Fortkommens eintreten wird. Diese Befürchtungen bestanden und bestehen zu Recht; nur ein Unvernünftiger kann außerdem leugnen, daß Nachteile eingetreten sind und auch weiterhin die akademischen Ingenieure treffen werden.

Aber ebenso kann nur ein Unvernünftiger oder Böswilligkeit leugnen, daß die ganze Lage der akademischen Ingenieure eine andere sein würde, wenn eben die Geschlossenheit bestanden hätte. Es zeigte sich hier am deutlichsten der furchtbar verhängnisvolle Irrtum der Verfechter der „Milderung der Klassengegensätze". Freilich, die „Klassengegensätze" (um diesen Ausdruck zu gebrauchen, obwohl er nicht den Kern der Sache trifft) zwischen den Technikern und den akademischen Ingenieuren werden so auf einfache Weise aufgehoben: die akademischen Ingenieure werden gewaltsam und durch gesetzgeberische Maßnahmen in die Arbeitnehmer k l a s s e hineingepreßt, in Zukunft werden wir eben nur noch eine Arbeitnehmer- und eine Unternehmerklasse haben. Wenn sich die akademischen Ingenieure nicht geschlossen zu Wehr setzen.

Hie und da hat man in früher gegensätzlichen Lagern erkannt, daß die Grundlage des Problems doch in der Schaffung eines möglichst homogenen Ingenieurstandes liegt, der, frei von den seiner Entfaltung hemmenden Hindernissen gemacht, sich für die Allgemeinheit einsetzen kann. Da und dort neigte man zur Auffassung, daß das Wirtschaftliche allein nicht an erster Stelle steht, daß der Beruf selbst das Primäre ist, die wirtschaftlichen Dinge bei der Förderung des Berufes und seiner allgemeinen Geltung im Rahmen des Volksganzen aber dann auf einfachere Weise eine Lösung finden. Auch Stimmen wagten im nivellierenden Meere der Massenpolitik sich wieder zu erheben, daß wahres Akademikertum unserem Volke notwendiger ist als je, daß die Stählung des Einzelnen im Kampfe ums Dasein und um seine Geltung in ihrer Auswirkung für die Gesamtheit ihren Wert behält, daß schließlich die Hervorkehrung der Interessenpolitik, die zur Klassenpolitik führen muß, endet in dem Streben nach einseitiger Stärkung der eigenen wirtschaftlichen Kraft und den Untergang des Akademikertums herbeiführt. Es kann nicht Aufgabe eines akademischen Berufsstandes sein, durch seine geschlossene Macht sich selbst Vorrechte zu schaffen. Ihm ist eine heilige Pflicht auferlegt, vorausschauend für die Zukunft des Volksganzen zu arbeiten. Dazu gehört in erster Linie, den Boden abzugeben und zu bereiten, auf dem Führer erwachsen können. Durch die Verfolgung klassenpolitischer Ziele, durch einseitiges Streben nach wirtschaftlichen Vorteilen des Berufsstandes wird dies nicht verwirklicht.

In der Brandung der Revolutionswogen und des Ansturmes der Klassenorganisationen konnten solche Stimmen nur wenig durchdringen. Es war auch verständlich, daß die in den Strudel geratenen akademischen Angestellten nach einem Halt suchten, um ihre von der Masse gefährdeten besonderen Belange zu sichern. So sind zwar die erfolgten Gründungen von Organisationen erklärlich, aber ihre innere Berechtigung nicht bewiesen. Die Folgezeit, namentlich eine doch einmal kommende Stabilisierung der Verhältnisse wird das Endurteil zu sprechen haben. Das muß aber wohl als gewiß bezeichnet werden, daß diese Stabilisierung nicht die Verewigung der Klassenspaltung sein kann, denn so lange unser Staats- und Wirtschaftsleben auf diesem Grundsatz sich aufbaut, kann es keinen Frieden geben, weil Klassenpolitik im innersten Kern Krieg bedeutet.

IV.
Die Gewerkschaftsfrage.

Nach der Revolution trat die Gewerkschaftsfrage unter den Akademikern, am stärksten unter den Diplom-Ingenieuren auf. Sie ist heute noch nicht zum Abschluß gekommen, wenn auch eine gewisse Klärung in manchen Einzelfragen eingetreten ist. Man darf bei der Beurteilung der Frage zweierlei nicht aus dem Auge verlieren: einmal, daß die Gewerkschaftsfrage nicht ganz von politischen Weltanschauungen getrennt werden kann, das andere Mal, daß diese Frage bei den Akademikern durchaus eine Funktion der Revolution ist. Ersteres erklärt zum Teil die vielfach bei der Verfechtung der Idee aufgetretene Leidenschaftlichkeit, die da und dort die ruhige Ueberlegung überwucherte und der Sachlichkeit wenig Raum ließ. Der zweite Gesichtspunkt schien dabei ganz in Vergessenheit geraten zu sein. Und doch ist er sehr wesentlich, wenn man den Dingen auf den Grund gehen will. Denn die heutige Zeit ist durchaus noch im Fluß, und solange sich die Ordnung aller Verhältnisse zur Stabilität nicht vollzogen hat, wird man notgedrungen Schlüsse aus der Vergangenheit ziehen müssen, um den rechten Weg zu erkennen. Es ist deshalb wesentlich zu untersuchen, welche Gründe es waren, die die Akademiker vor der Revolution veranlaßte, im großen Ganzen der Gewerkschaftsidee fernzustehen, und inwieweit diese Gründe durch die neue „Ordnung" an Stichhaltigkeit mehr oder weniger verloren haben.

Die fortschreitende Entwicklung der Industrie zur Großindustrie zeitigte notwendigerweise ein Heer von Angestellten in allen Abstufungen, von der schematischen Tätigkeit angefangen bis zur qualifizierten Geistesarbeit, horizontal gegliedert in technische, kaufmännische und verwaltungsmäßige Arbeit. Gerade letztere, eine typische Erscheinung der Großindustrie, beschäftigte eine mehr und mehr zunehmende Zahl von Angestellten, deren Tätigkeit zweifellos hinsichtlich der erforderlichen Ausbildung und auch der notwendigen Kenntnisse, infolge der hier möglichen Arbeitsunterteilung, unter den Erfordernissen an einen Facharbeiter steht. So mußte die Angestellten k l a s s e entstehen. Im technischen Berufe lagen die Dinge nicht ganz so kraß. Aber hier wurde das „Proletariat" mehr durch die Ueberproduktion an Hilfskräften hervorgerufen, wie schon in großen Zügen ausgeführt wurde. Dazu kam das Unzufriedenheit erzeugende Gefühl, auf Grund der unzureichenden Ausbildung nicht über ein gewisses Maß in der Stellung hinwegkommen zu können. Ein gut Teil Schuld; mehr, als der nur von außen diese Verhältnisse beurteilende

Betrachter vielleicht glauben mag, tragen die privaten und kleinstädtischen technischen Schulen und deren Lehrkräfte. Hier wurden und werden den Schülern Versprechungen und Verheißungen gemacht, die sich in der Praxis nicht erfüllen können; die Schüler werden „Ingenieure", und ihnen wird so und so oft gesagt, förmlich eingehämmert, daß sie nur in der Lage sind, als „Ingenieure" zu arbeiten und jederzeit mit dem Akademiker in Wettbewerb treten können. Ausnahmefälle, in denen tüchtige Mittelschul- und Privatschulabsolventen ihren dann gewiß verdienten Aufstieg machten, und jene, in denen untüchtige Akademiker auf der untersten Sprosse der Berufsleiter kleben bleiben, werden beide Male als Regel hingestellt, so die tatsächlichen Verhältnisse verkehrend. Die Enttäuschung bleibt nicht aus, und das Heer der Unzufriedenen wächst. An die Stelle der mangelnden eigenen Energie, des mangelnden Könnens und Wissen soll — in beiden Fällen — die Gesamtheit, die Organisation einspringen.

Es braucht nicht ausgeführt zu werden, daß darin der Grund zur Gewerkschaftsidee der Angestellten nicht zur Hauptsache zu suchen ist. Es ist der Boden, auf dem die Gewerkschaftsidee erwachsen konnte. Maßgebend bleibt naturgemäß, daß die gewerkschaftlichen Zusammenschlüsse der Angestellten daraus abzuleiten sind, daß die Angestellten mehr und mehr Masse wurden, die Möglichkeiten zur wirtschaftlichen Selbständigkeit schwanden und selbst die Erreichung leitender Posten im Großbetriebe nur in seltenen Fällen in einigermaßen berechenbarer Aussicht stand. Die Angestellten wurden zur Arbeitnehmerklasse, ihr Besitz ist ihre Arbeitskraft, die sie so teuer und vorteilhaft als möglich zu verkaufen versuchten. So mußte zunehmend die alte mittelständische Idee schwinden und von proletarischer Denkweise abgelöst werden.

Am reinsten war von Anfang an diese Idee im technischen Berufe zum Durchbruch gekommen. Der Bund technisch-industrieller Beamten, 1904 gegründet, hat zielbewußt diesen Weg ohne Schwanken verfolgt, andere sind ihm später gefolgt. Heute steht er als Bund technischer Angestellten und Beamten als mächtigster Block angegliedert innerhalb des Allgemeinen freien Angestelltenbundes an den Allgemeinen Deutschen Gewerkschaftsbund und an die Amsterdamer Internationale da.

Für die akademischen Ingenieure gab es erst seit der Gründung des Verbandes Deutscher Diplom-Ingenieure eine Interessenvertretung; sie hatten sich zu entscheiden, ob sie ihrer wirtschaftspolitischen und sozialen und schließlich ihrer Weltanschauung nach ihre Belange in der Standesvertretung oder in der Klassenorganisation finden. Die gewerkschaftliche Richtung sah folgerichtig in der Verbandsgründung sofort eine Gefahr für die zielbewußte Verfechtung des Klassengedankens. Man war sich bewußt, daß das Endziel der Klassenorganisation nur durch die tätige Mitarbeit der geistig führenden Angestellten zu erreichen sein kann, und suchte nun, diese zu sich heranzuziehen. Wir haben das gleiche nach der Revolution in verstärktem Maße und mit erhöhtem Druck erlebt, der durch den diesen Organisationen nun zur Verfügung gestellten größeren Einfluß bedingt war.

Die Standesorganisation scheidet sich von der Klassenorganisation. Deshalb mußte im Augenblick der Verbandsgründung die „Gewerkschaftsfrage" für die Diplom-Ingenieure auftreten. Zweifellos hat es immer Diplom-Ingenieure gegeben und es wird immer welche geben, die ihrer Weltanschauung nach der Gewerkschaft zugehören. Damals hatten sich diese dem B. t. i. B. angeschlossen, hatten dort, vermöge ihrer besseren Ausbildung und umfassenderen allgemeinen Kenntnisse vielfach Führerstellen besetzt und wurden zum Teil bei der Entwicklung und Erstarkung dieser Organisation besoldete Vertreter derselben. Das waren zweifellos die überzeugten Anhänger dieser Idee, die letzten Endes im Marxismus wurzelt. Daneben gab es eine erheblich größere Zahl Mitläufer, die keine grundsätzlichen Erwägungen zu der Gewerkschaft geführt hatten. Diese blieben günstigstenfalls laue Mitglieder, die, sobald sie sich in der Industrie heraufgearbeitet hatten, die Organisation verließen. Der Kampf um die akademischen Ingenieure mußte bei dieser Sachlage heftig einsetzen, als die Verbandsgründung erfolgte, da diese für die Organisation dieser führenden Gruppe der Technik in der Gewerkschaft eine weitere Erschwerung bedeuten mußte.

Zwangsläufig erfolgte deshalb die Kampfstellung des damaligen B. t. i. B. gegen den VDDI. Diesen Zusammenhang in das Gedächtnis zurückzurufen, ist deshalb bedeutungsvoll, weil in der Jetztzeit eine analoge Konstellation einzutreten scheint. Der Kampf war heftig, aber kurz, und sein Ausgang dürfte die Gewerkschaft wenig befriedigt haben. Damit war aber die Gewerkschaftsfrage für die akademischen Ingenieure zunächst aus den Erörterungen ausgeschieden. In der Folge trat nirgends die greifbare Absicht zur Gründung einer Akademikergewerkschaft zutage.

Die Gründe dafür sind neben anderen auch in rein praktischen Ueberlegungen zu suchen. Eine wirksame Gewerkschaftsarbeit verlangt, daß der erfaßte Personenkreis eine gewisse Homogenität aufweist, damit die Arbeit, auf den Durchschnitt eingestellt, die über diesem Mittel stehenden Gruppen wenigstens einigermaßen noch erfassen kann. Daß die gewerkschaftliche Tätigkeit sich auf diesem Grundsatz aufbauen muß und auf starke Unterschiede keine Rücksicht nehmen kann, erkannten sehr bald jene, die vor 1910 der Gewerkschaft angehörten und sie verließen, weil sie in gehobener Stellung keine Förderung ihrer Interessen erwarteten, die sehr verschieden von denen der ungleich größeren Masse der erfaßten Angestellten waren. Selbst ein so überzeugter Anhänger der Gewerkschaftsbewegung wie Dr. Heinz Potthoff äußerte sich 1910 im „Freien Wort" (Frankfurt a. M.) S. 568:

„Daß die akademisch ausgebildeten Ingenieure sich organisieren, ist verständlich und gut. Denn unser Zeitalter ist das der freien Berufsorganisationen, und das Verständnis für die Gewerkschaftsbewegung wird durch nichts so sehr gefördert, als wenn die sogenannten Gebildeten sich ähnlich betätigen. Auch daß die Diplom-Ingenieure nicht ohne weiteres sich mit dem Eintritt in die Verbände anderer Techniker begnügen, wird man verständlich finden. Herkunft, Ausbildung, Lebensziel sind Momente, die auch in der Organisation eine große Rolle spielen. Tatsächlich rechnen ja auch die Akademiker in höherem Grade als die Techniker mit der Erreichung der Selbständigkeit oder einer leitenden Stellung im Großbetriebe, die rechtlich und tatsächlich den Inhaber zum Arbeitgeber stempelt. . ."

Gegen diese Argumentierung wird nichts einzuwenden sein; die Diplom-Ingenieure sind unter sich wieder derart differenziert, daß sie im Sinne der Gewerkschaft keine homogene „Masse" bilden. Ihr Arbeitsverhältnis ist immer im Flusse, während die Grundlage gewerkschaftlicher Betätigung gerade das konstante Arbeitsverhältnis bildet. Das „Lebensziel" spielt hier, wie Potthoff richtig hervorhebt, eine sehr wesentliche Rolle. Der junge Akademiker tritt in die Praxis ein mit dem klaren Ziele, zur leitenden Stelle zu kommen. Gewerkschaftlich denkend, müßte er auf dieses Ziel verzichten, ja, streng genommen, verneint die Gewerkschaft dieses Streben. Wer „klassenbewußt" ist, muß anders denken, dessen Lebensziel muß anders aussehen, anders formuliert sein. Nicht das ist das Wesentliche, wie vielfach behauptet wird, daß doch nur ein Teil, ein geringer Prozentsatz, das Endziel erreicht und die größere Zahl aus der mittelbaren Abhängigkeit doch nicht herauskomme. Wesentlich ist hier wie überall das S t r e b e n nach diesem Ziele, das Festhalten an der Idee, am Ideal.

Darauf mußte sich eine Organisation von Akademikern einstellen. Sie mußte zur primären Arbeit den Beruf machen. Die stete Hebung des Berufes in seiner Wirksamkeit und Betätigungsmöglichkeit für den Staat, die Volksgemeinschaft, mußte erstes Gesetz sein; an dieser Arbeit mußten alle Berufsangehörigen schärfstes Interesse haben. Der Akademikerorganisation ist die Aufgabe gestellt, den Boden zu bereiten, auf dem der Einzelne wachsen konnte, die Hindernisse zu beseitigen, die der freien Entfaltung des Standes und des Einzelnen sich entgegenstellten. Bei den akademischen Ingenieuren war im Vergleich zu anderen akademischen Berufen noch nicht einmal begonnen, die Hindernisse hinwegzuräumen. Der Stand war erst im Werden und noch nicht gesammelt.

Damals die Organisationsfrage nach der gewerkschaftlichen Richtung zu lösen zu versuchen, hätte katastrophal für die akademischen Ingenieure enden müssen. Die Zeit bis zum Kriege und auch, mit der durch den Krieg notwendigen Einschränkung, bis zur Umwälzung 1918 hat gezeigt, daß die Zusammenfassung der akademischen Ingenieure als Berufsstand der richtige Weg war. Die Diplom-Ingenieure — als Berufsstand wie als Einzelne — begannen sich in der Industrie, in Staat und Selbstverwaltung durchzusetzen.

Die Umwälzung 1918 soll nun so veränderte Verhältnisse geschaffen haben, daß nunmehr die gewerkschaftliche Organisation auch für die Akademiker eine Notwendigkeit um deren selbst willen sei.

Was war geschehen? Die Arbeitgeberverbände waren nach längeren Verhandlungen mit den großen Arbeitergewerkschaften am 15. IX. 1918 zu einem Abschluß gekommen, daß die Gewerkschaften als berufene Vertreter der Arbeiter anerkannt werden und aus dieser Anerkennung die Folgerungen zu ziehen sind. Das Abkommen sollte in gleichem Umfang auch für die Gewerkschaften der Angestellten gelten. Die unmittelbaren Folgen dieses Abkommens für eine Arbeitsgemeinschaft war der Wettlauf aller gewerkschaftlichen Organisationen, die höchsten Tarifsätze usw. zu erzielen. Es kamen weiter die Verordnungen über Angestellten- und Arbeiterausschüsse, über Mitbestimmungsrecht bei Entlassungen, und wie alle die in der Siedehitze der Revolution erlassenen Verordnungen heißen mögen.

In allen Dingen, die in dieser Zeit geschahen, hatten die Akademiker nichts zu sagen. Nicht bloß die akademischen Techniker waren ohne Einfluß, diese Einflußlosigkeit und Ohnmacht erstreckte sich so gut wie auf alle akademischen Berufe. Natürlich waren die akademischen Ingenieure mit am stärksten in Mitleidenschaft gezogen, weil ja die größere Zahl der Berufsangehörigen im Angestelltenverhältnis steht. Alles Geschehen erfolgte über ihre Köpfe hinweg, in fast allen Betrieben waren die Freien Gewerkschaften in der Hauptsache bestimmend, die sich zu Großverbänden mehr und mehr zusammenschlossen; die anderen Gewerkschaftsrichtungen folgten dem Beispiel, bis sich schließlich die bekannten drei Spitzenorganisationen herauskristallisierten, die heute die Zentralarbeitsgemeinschaft beherrschen. Der Einfluß der Gewerkschaften auf die Regierung ist bekannt, er war am stärksten bei den Freien Gewerkschaften, was natürlich ist, wenn man sich der vielfachen Personalunion ihrer Führer und der der sozialistischen Parteien erinnert, sowie an das gleiche wirtschaftspolitische und soziale Programm dieser Gewerkschaften und dieser politischen Parteien denkt.

Und nun vergegenwärtige man sich einmal, wie die Lage gewesen wäre, wenn die akademischen Ingenieure damals bereits eine gewerkschaftliche Organisation gehabt hätten. Es kann gar nicht bestritten werden, daß eine solche Gewerkschaft infolge der notorischen Abneigung der Akademiker gegen diese Organisationsform eine nur geringe Mitgliederzahl gehabt hätte. Ohne Anlehnung an andere große Gruppen wäre diese Miniaturgewerkschaft nicht zu Worte gekommen. Die späteren Ereignisse haben das ja auch bestätigt, denn die Mitarbeit in der Zentralarbeitsgemeinschaft wurde von der Zugehörigkeit zu einer der Spitzenorganisationen abhängig gemacht. Von diesen verneinte aber die für die technischen Berufe nur in Frage kommende Richtung, die Techniker vertrat, überhaupt den Akademikern die Berechtigung, eine auf der Vorbildung sich aufbauende Sondergewerkschaft zu bilden; die anderen Spitzenverbände vertraten bislang nennenswert keine Techniker. Schließlich darf nicht außer acht gelassen werden, daß die größere Masse der Gewerkschaftler in einem offensichtlichen Kampf gegen das Akademikertum selbst eingetreten war. Daß diese innerhalb dieser Masse irgendwie ihre Belange hätten mit einigermaßen Aussicht auf Erfolg verfechten können, war ganz außer Frage. Die angestellten Akademiker in der Industrie sind eine Minderheitsgruppe und werden es bleiben. In den einzelnen Betrieben mußten sie deshalb bei den Wahlen für die Angestelltenausschüsse ausfallen, wie sie überall ausfallen, wo die Zahl allein entscheidend ist. Das zeigt aber sofort die Richtung, in welcher der Kampf geführt werden mußte: gegen die Herrschaft der Zahl, der Masse. Und wenn es in größeren Betrieben auch infolge der erheblicheren Zahl der Akademiker und ihnen der Stellung nahestehenden Angestellten sowie durch Heranholung Unorganisierter gelang, in die Betriebsvertretung einen oder gar zwei Akademiker zu bringen, so war deren Einfluß gegenüber den 14 oder 13 anderen Vertretern der 15köpfigen Vertretung in ausschlaggebenden Dingen, namentlich wenn es sich um Fragen der Akademiker drehte, Null. Man soll sich über diese Tatsachen nicht mit Phrasen, „ausgleichender Einfluß", „Verwertung der größeren Sachkenntnis zugunsten des Wiederaufbaues" u. ä. hinwegtäuschen. Denn abgesehen davon, daß auch diese Tätigkeit einen recht geringen Wirkungsgrad aufweist, trifft sie ja gar nicht den Kern der Gewerkschaftsfrage; der liegt doch immer wieder in der Vertretung der wirtschaftlichen Eigenbelange der angestellten Akademiker.

Bleibt die Tariffrage. Die wachsende Zahl und der wachsende Umfang der Tarifabschlüsse mit ihrer allgemeinen Verbindlichkeitserklärung brachte zweifellos die Akademiker ins Hintertreffen hinsichtlich ihrer Entlohnung. Aber das ging nicht bloß den Akademikern so. Genau genommen erstreckte sich das auf alle geistigen Arbeiter, und darüber hinaus kann man das gleiche für alle Angestellten gegenüber den Handarbeitern feststellen. Dies Erkennen legt auch die Ursache bloß: die größere Masse errang eben die größeren Vorteile. Man darf auch nicht ganz an dem politischen Programm der Parteien dabei vorübergehen, die der größeren Masse der Arbeitnehmer nahestand. Das konnte nur erreicht werden, wenn auch die geistigen Führer in das Schema hineingezwungen wurden. Und wenn der damalige Reichsarbeitsminister Akademikern gesagt haben soll, sie mögen sich erst einmal gewerkschaftlich organisieren und dann wiederkommen, so paßt das ja ganz in diesen allgemeinen Rahmen hinein. Um bei Tarifabschlüssen die Belange der akademischen Angestellten zu wahren, müßte man also selbst erst eine Akademikergewerkschaft haben. Das klingt einfach, war aber — wie dann die Praxis auch gezeigt hat — nicht ebenso einfach durchführbar. Generell zeigte sich sofort die große Schwierigkeit, als so verhältnismäßig kleine Gruppe zu Wort kommen, nachdem die Hauptmasse der Gewerkschaften dieser Gruppe das Recht zu einer Sonderbehandlung und damit einer Sondervertretung absprach. Diese Schwierigkeit verspürten aber nicht bloß die Akademiker, sondern jede Minderheitsgruppe. Deshalb traten auch gleich zwei gewerkschaftliche Richtungen auf. Die eine vertrat den Standpunkt, daß unter den Angestellten die Schicht, die in leitenden Stellungen ist, so lange einflußlos bleibt, als die Zahl allein ausschlaggebend ist. Sie verlangt deshalb eine besondere Regelung in der demokratischen Betriebsverfassung und den arbeitsrechtlichen Gesetzen, indem nun die Angestelltenklasse in zwei Gruppen unterteilt würde, in Angestellte und leitende Angestellte. Die andere Richtung geht von der Vorbildung aus; sie verlangt aber nicht etwa für diese „Klasse" eine ausgesprochene Sonderstellung, sondern will, nachdem sie sich der Forderung der drei Spitzenverbände unterworfen und Glied eines solchen geworden, innerhalb des gegebenen Rahmens die Belange der akademischen Techniker wahrnehmen.

Nun liegen aber die Dinge für die akademischen Ingenieure in der Industrie sehr schwierig. Die gewerkschaftliche Organisation kann nur einen Bruchteil erfassen, abgesehen davon, daß es immer „Outsider" auch in dem der Erfassung zur Verfügung stehenden Personenkreis gibt. Dann ergibt sich aber die schwierigste Frage: wo liegt die Abgrenzung? Es ist klar, daß auch eine an Zahl geringere Gewerkschaft sehr wohl zu Worte kommen kann, wenn sie einen geschlossenen Berufskreis vertritt und hinsichtlich dieses Berufskreises die einzige Vertretung bedeutet. Eine solche „Berufsgewerkschaft" ist aber für die akademischen Ingenieure mangels einer Abgrenzung nicht denkbar. Würde man beispielsweise sagen, daß für die Diplom-Ingenieure eine eigene Gewerkschaft gebildet würde, so stände dem wieder entgegen, daß in den einzelnen Betrieben die Zahl von angestellten Diplom-Ingenieuren meist nicht sehr groß ist und zudem noch erhebliche Unterschiede aufweist. Fände man selbst einen brauchbaren Weg, tariflich vorzugehen, so kommt sofort die Tatsache in Betracht, daß auch andere

Angestellte, die nicht Diplom-Ingenieure sind, analoge Stellungen im gleichen Betriebe einnehmen oder einnehmen können; diese müßten in diesen Tarif einbezogen werden. Sie werden aber vielleicht von anderen Gewerkschaften vertreten, die also dann wieder zum Tarifvertrag mitherangezogen werden müssen und, wie das in der Natur der Sache begründet ist, ein erheblich größeres Gewicht in die Wagschale legen.

Sodann darf man auch nicht außer acht lassen, daß ein Tarif, soweit er die Entlohnung regelt, sich tatsächlich nur auf Leistung aufbauen kann. Gewiß, in gleichen Verhältnissen wird der mehr leisten, der die bessere Ausbildung genossen hat; er ist dem Unternehmen auch deshalb wertvoller, weil in ihm die größeren Zukunftsmöglichkeiten stecken. Aber hier liegen die Dinge, die doch zum guten Teile auch psychologischer Art sind, besonders verwickelt und sind durch Tarifgruppen nicht zu erfassen. Oft spielen hier besonders persönliche Eigenschaften eine hervorragende Rolle, wobei die tatsächlichen technischen Kenntnisse sogar in den Hintergrund treten können. Organisatorische Fähigkeit, schriftstellerische Begabung, rednerisches Können und öffentliches Auftreten usw. usw., das alles kann häufig bestimmend für den Wert des Einzelnen sein. Wie das aber tariflich erfaßt werden soll, darüber dürften wohl große Zweifel entstehen. Es kann keine Frage sein, daß durch einen Tarif nur eine Durchschnittsleistung festgelegt werden kann. Man sagt zwar, Tarife sind immer nur Mindestsätze. Aber sie werden stets zu Höchstsätzen werden, schon deshalb, weil beim Ueberschreiten des Tarifes für einen Einzelnen die andern der Tarifgruppe Angehörigen eine solche Ueberschreitung als nicht gerecht ansehen werden. Man muß diese Fälle praktisch erlebt haben, und man wird dann einsehen, welch ein fortwährender Streit und unfruchtbare Verhandlungen sich ergeben. Der Vorgesetzte wird, allein schon um diesen wirkungsgradverringernden Verhandlungen aus dem Wege zu gehen, auf eine Tarifüberschreitung verzichten. Der Tüchtige wird dauernd geschädigt sein. Es brauchen diese Dinge hier nicht im einzelnen ausgeführt zu werden; die Diplom-Ingenieure in Vorgesetztenstellungen werden alle schon mehr oder weniger die Fessel des Tarifs für die ihnen unterstellten Angestellten empfunden haben.

Ein Hauptargument der Verfechter der gewerkschaftlichen Organisationsform für die technischen Akademiker sind die arbeitsrechtlichen Gesetze, die z. T. schon eingeführt, z. T. im Entwurf vorliegen und schließlich erst angekündigt sind. Es kann im Rahmen dieser Abhandlung nicht auf die einzelnen Gesetze eingegangen werden, hierüber muß (und ist teilweise bereits) besonders Stellung genommen werden. Hier ist nur im allgemeinen dieser Teil des Fragenkomplexes zu streifen. Da ist vor allem hervorzuheben, daß in allen diesen Gesetzen, soweit sie Selbstverwaltungen, paritätische Vertretungen bei beiden Parteien des Arbeitsvertrages u. ä. vorsehen, stets der Aufbau auf Grund des Zahlenverhältnisses vorgesehen ist, soweit naturgemäß die Arbeitnehmerseite in Frage kommt. Demgemäß sind die Bestimmungen dieser Gesetze zugeschnitten auf die Bedürfnisse der Masse und lassen gar keinen oder recht wenig Spielraum für die durch das flüssige Arbeitsverhältnis und die zweifellos nicht zu verneinenden, oder ohne erhebliche Nachteile zu unterdrückenden Imponderabilien der akademischen Angestellten übrig. Sollen solche Gesetze ohne wesentlichen Schaden für den betroffenen Arbeitnehmer zur Anwendung kommen, so ist notwendige Voraussetzung, daß der davon erfaßte Personenkreis möglichst homogen, daß er eben „Masse“ in jeder Hinsicht ist. Kleinere Minderheiten, die mit erfaßt werden, bleiben naturnotwendig einflußlos. In den vorgesehenen Selbstverwaltungskörpern, Beiräten und wie man die Vertretungen nennen mag, wird den größten Einfluß immer die größere „Masse“ haben müssen. Tatsächlich bilden die Angestellten der großen Gewerkschaftskartelle im großen Ganzen eine solche Masse, die durch eine Gesamtregelung erfaßt werden kann, wobei die vertretenen drei Hauptgruppen sich nur durch die verschiedenartige Stellung zur Wirtschaftsorganisation und zur politischen Weltanschauung unterscheiden. Trennt man, wie dies bei den in Frage kommenden Gesetzen und Gesetzprojekten auch durchgeführt ist oder wird, noch in die zwei Klassen „Arbeiter“ und „Angestellte“, so ist aber auch das mögliche Maximum an „Individualisierung“ (wenn man so sagen darf) erreicht; darüber hinaus sind Gesetze, die derartig große Personenkreise regeln sollen, undenkbar. Heute gibt es bekanntlich schon ausgedehnte Arbeitnehmerkreise, die auch diese Unterteilung noch für zu weitgehend halten. Im Rahmen solcher Gesetze ist es für den in der Masse stehenden Akademiker unmöglich, daß er mit seinen besonderen Belangen gefördert werden kann; er findet eine Vertretung nur dann, wenn er auf die den Akademikern eigentümlichen Imponderabilien verzichtet und selbst in der Masse untertaucht. Das allerdings wird ja auch emsig von interessierter Seite betrieben aus Gründen, die klar zu Tage liegen. Auch der Zusammenschluß der Akademiker innerhalb der Masse ändert daran wenig, es wird dadurch höchstens der Aufsaugungsvorgang verzögert, nicht aber verhindert.

Die bisherigen Erfahrungen haben im großen ganzen diese Schlüsse bestätigt. In gewissen Industriezweigen, in denen ganz besondere Verhältnisse für eine solche Minderheitsgruppe vorliegen, die diese Gruppe zu einer ausschlaggebenden machen, kann natürlich auch im Rahmen der allgemeinen Wirtschafts- und Sozialgesetze eine Vertretung erzielt und durchgeführt werden. Es fragt sich nur, auf wie lange das möglich ist. Der Akademiker in einem solchen Industriezweig muß damit rechnen, daß auch hier die Arbeitsunterteilung, Normung und Schematisierung bis zu einem gewissen Grade durchgeführt werden wird und muß. Damit steigt die Zahl der „gelernten Angestellten“ und der Zwischenstufen zwischen diesem und dem Akademiker, deren Zahl dafür relativ geringer wird. Solange eine Vermischung im größeren Maße, wie das in der Metallindustrie der Fall ist, nicht Platz greift und gleichzeitig die Akademiker völlig geschlossen bleiben, ist ihre Vertretung, wenn auch schwieriger, so doch durchführbar. Aber sowohl das eine wie das andere dauert nicht an. Die Vermischung wird kommen („Freie Bahn“ usw.) und die Zersplitterung der Akademiker auch. Diese schon deshalb, weil die fortschreitende (ja notwendige) Politisierung des Volkes zwangsläufig auch zur Scheidung in die verschiedenen Gewerkschaftsrichtungen führt; denn man mag noch so oft die politische Neutralität betonen, die Tatsache kann nicht aus der Welt geschafft werden, daß mit der gewerkschaftlichen Bindung eine gewisse politische Weltanschauung verbunden ist. Dann wird auch in einem solchen bevorzugten Industriezweig die Massengewerkschaft bei allen Abmachungen ein Wort mitreden, da sie ebenfalls Akademiker in ihren Reihen haben wird, die sie vertreten muß.

In allen Industriezweigen (ausgenommen der chemischen), im Handel und Bankgewerbe sind diese Dinge seit langem schon so weit gediehen. Es war deshalb verständlich, daß sich die in leitenden Stellungen stehenden Angestellten zusammenschlossen, da sie sahen, daß im Rahmen der bestehenden Arbeitsgemeinschaften und Betriebsvertretungen für diese Personengruppe keine wirksame Vertretung so lange möglich ist, als die Zahl ausschlaggebend bleibt. Stellt man sich einmal auf den Boden, innerhalb der bestehenden Körperschaften eine Vertretung zu suchen, so war es durchaus logisch, zunächst die Forderung zu erheben, dieser an Zahl geringeren für die Wirtschaft aber erhebliche Bedeutung besitzenden Gruppe besondere Berücksichtigung zu gewähren. Ob es dabei richtig ist, der Angestelltenklasse eine Zweiteilung zu geben — Angestellte und leitende Angestellte—, steht dahin, ist auch hier nicht zu untersuchen. Daß aber diese Bestrebungen Fuß gefaßt und heute einen immerhin nicht zu unterschätzenden Personenkreis ergriffen haben, beweist, daß in dem Augenblick, wo qualifizierte Tätigkeit in Frage kommt, die gewerkschaftliche Arbeit im Rahmen des Bestehenden als unzulänglich für diese Personen empfunden wird.

Wie Geistesarbeit relativ zur Handarbeit und zur Leistung der gelernten Angestellten entlohnt wird, darüber brauchen Worte nicht verloren werden. Darüber aber ist zu sprechen, daß eine Zersplitterung der Geistesarbeiter in

Gruppen und Grüppchen, von denen jedes seine eigne Suppe am eignen und nach besonderen Gesichtspunkten angefachten und unterhaltenen Feuer kochen will, nicht zu einer durchgreifenden Besserung führen kann. Kein Vernünftiger bestreitet heute, daß Ursache dieser Minderbewertung der Einfluß der Massen und die Massenpolitik ist. Daß aber Akademiker glauben, mit den gleichen Mitteln und Methoden bei ihrer ganz anders gearteten Stellung in der Wirtschaft und in der Gemeinheit, für sich nun das gleiche erzielen zu können, das ist nur durch die Tatsache zu erklären, daß die Akademiker in ihrer überwiegenden Mehrheit einer Schulung in diesen Dingen entbehrten, sich bisher wenig um gewerkschaftliche Fragen gekümmert haben. Sie hätten erkennen müssen, daß hier nur die Einheit der Akademiker Erfolgreiches zu leisten vermag. Diese Einheitsfront müßte geschaffen werden. Sie ist aber auf dem bisher eingeschlagenen Weg nicht zu erreichen; der bedeutet Zersplitterung und damit Ohnmacht. So stehen heute die Akademiker in den verschiedenen Verbänden verschiedener Richtung. Auch wenn alle angestellten Akademiker Berufsgewerkschaften bilden würden, so wird auch hierdurch — abgesehen von den vielen andern Gründen, die oben dargelegt sind — nicht das Erstrebenswerte erreicht, weil dann wieder die Scheidung der einzelnen Gewerkschaften nach ihrer jeweiligen Orientierung hinzukommt. So will beispielsweise die Gewerkschaft der angestellten Assistenzärzte den Anschluß an den freigewerkschaftlichen Afabund herbeiführen, der Bund angestellter Chemiker und Ingenieure bekennt sich zu den christlichen Gewerkschaften, die Vereinigung der leitenden Angestellten in Handel und Industrie will neutral und selbst Spitzenverband sein, die Beamtenverbände spalten sich selbst wieder in verschiedene Richtungen usw.

Bleiben wir bei den akademischen Technikern. Sie spalten sich heute in nicht weniger als sechs Gruppen:

1. in die ihren Anschauungen nach Freigewerkschaftlichen, die sich dem Bund technischer Angestellten und Beamten angeschlossen haben;

2. in die christlichen Gewerkschaftler, die im Bund angestellter Chemiker und Ingenieure organisiert sind;
3. in die, die „leitende“ Stellungen einnehmen und den Grundsatz haben, auf Grund der Stellung sich organisieren zu müssen; sie gehören der Vereinigung der leitenden Angestellten in Handel und Industrie an;
4. die Gruppe der Diplom-Ingenieure, die der Gewerkschaft abwartend oder ablehnend gegenüberstehen und an den Standesverband sich angeschlossen haben;
5. die Gruppe der beamteten Akademiker in den Beamtenverbänden und
6. die Unorganisierten, deren Zahl erheblich sein dürfte.

Die Gruppen 1, 2 und 3 bekämpfen sich offen gegenseitig. Jede sucht natürlich die meisten Anhänger zu gewinnen und der anderen Gruppe möglichst Abbruch zu tun. Gruppe 2 führt außerdem noch einen Feldzug gegen 4, während diese Gruppe bisher neutral den andern gegenübersteht.

Glaubt man im Ernste, daß bei dieser Sachlage der Zersplitterung und Gegensätzlichkeit der akademischen Techniker unter sich, denen die geschlossene Macht der Masse zum mindesten nicht freundlich, erhebliche Teile sogar zweifellos feindlich gegenüberstehen, ersprießliche Arbeit geleistet werden kann? Gewiß, die eine oder andere Gruppe wird aus dem großen Kessel da und dort einen Brocken für ihre Anhänger herausfischen, worüber dann erheblicher Lärm gemacht werden kann. Aber den Kernpunkt der ganzen Frage des Akademikertums trifft das nicht:

Den akademischen Berufen in Staat und Wirtschaft, in der Volksgemeinschaft den Einfluß zu sichern, daß sie geistig Führende zum Wohle der Gemeinheit wieder sein können; den Beruf selbst zu diesem Zweck auf die höchste Stufe der Leistungsfähigkeit zu heben, den Boden zu bereiten, aus dem wahrhaft Führende erwachsen können.

So ist der Schluß zu ziehen, daß durch die gewerkschaftliche Organisationsform die Lösung der Organisationsfrage nicht gegeben ist. Die Gewerkschaft wird die

Akademiker allmählich in die Klasse hineinziehen. Schon spricht eine der akademischen Gewerkschaften von der „Ingenieurklasse"; von da bis zum „Klassenbewußtsein" ist kein allzu weiter Weg mehr. Und wenn heute mehr als früher weite Volkskreise erkennen, daß an unserem nationalen Unglück zu einem guten Teile die unseligen Klassengegensätze schuld sind, die den Volkskörper zerreißen und unfähig machen, die in ihm so reich steckende Energie für das Ganze zu nutzen, so könnte an eine Gesundung um so weniger geglaubt werden, je mehr sich die geistig Führenden selbst in den Klassenkampf einreihen.

Die akademischen Ingenieure haben in der Wirtschaft und im sozialen Organismus des deutschen Volkes eine besondere Mission zu erfüllen. Die „Ingenieurklasse" aber wird sich mehr und mehr in dem Streben nach Stärkung der eigenen wirtschaftlichen Kraft erschöpfen, ihre Organisation sich nur halten, wenn sie sich energisch auf dieses Ziel wirft. Führer des Volkes aber wird der akademische Ingenieur nur werden können, wenn er sich frei macht von Klassendogma, wenn er, das Gemeinwohl über das eigne stellend, ringend im Lebenskampf nach Idealen strebt. Der Beruf aber muß ihm der Nährboden sein, in dem er wurzelt und aus dem er die Kräfte zieht; der ihm die Hemmnisse aus der Bahn räumt, in der sich sein Aufstieg vollzieht.

V.

Die Lösung der Frage.

Will man die Organisationsfrage lösen, so muß man von dem Gesichtspunkt ausgehen, den man über alles stellen muß, daß eine Berufsgruppe im Staat nicht um ihrer selbst willen da ist, sondern für die Volksgemeinschaft, in deren Rahmen sie eine Aufgabe zu erfüllen hat.

Deshalb steht auch an erster Stelle die Sorge für den Beruf, der auf einen höchstmöglichen Stand der Leistungsfähigkeit gebracht werden muß. Als eines der Mittel hierzu hat man schon früher die Selbstverwaltung erkannt, die denn auch bei einer Reihe von Berufsständen zu deren hohen Blüte geführt, aus der vor allem die Gemeinheit

Nutzen zog und zieht. Die Bedeutung der Technik ist zu lange verkannt worden, sonst hätte auch hier schon früher eine Regelung einsetzen müssen. Der enge und unlösbare Zusammenhang von Industrie und Technik hat vielfach dazu geführt, daß beide Begriffe als eins angesehen, oder mindestens beide verwechselt wurden. So wurden Probleme der Technik einseitig als solche der Industrie behandelt, worüber die Träger der Technik ins Hintertreffen kamen. Schließlich verschob sich die Basis der Frage auf das rein Wirtschaftliche einerseits und das rein Wissenschaftliche andererseits. Ersteres führte zwangsläufig zu der Scheidung der Berufgruppen nach Art der wirtschaftlichen Ausübung des Berufes und mündet folgerichtig in der Klasse.

Der Beruf ist nicht Selbstzweck; die Verkennung dieses Grundsatzes hat mit zum Zerfall der Zünfte beigetragen. Die Gefahr aber, daß die Träger des organisierten Berufes gegen den obersten Grundsatz handeln, ist immer da vorhanden, wo Einseitigkeit Grundlage der Organisation ist. Deswegen sind die rein wirtschaftlichen Interessenvertretungen auch keine Lösung der in Rede stehenden Frage.

Um dem genannten Zweck dienen zu können, muß die Organisation teilhaben an den das Staats- und Wirtschaftsleben regelnden und beeinflussenden Faktoren. Sie muß also in den Körperschaften vertreten sein. Bisher sind diese nur nach politischen Gesichtspunkten zusammengesetzt worden, das alte Problem der berufsständischen Vertretung ist ungelöst geblieben. Obwohl es sich wie ein roter Faden durch die bisherige Entwicklung hindurch zieht. Die jetzt geschaffenen und wohl demnächst zu ergänzenden Einrichtungen, die auf Grund der „Verankerung" des Rätegedankens in der neuen Reichsverfassung aufgebaut werden, können eine allseitig befriedigende Lösung nicht darstellen. Soange auch hier das Fundament für die Stärke der Vertretung einesteils nach klassenpolitischen Grundsätzen, zum andern Teil nach der Zahl gestaltet wird, kann von einer die tatsächlichen Verhältnisse verkörpernden berufsständischen Vertretung nicht die Rede sein; in solchen Vertretungen wird stets auch die einseitige Interessenpolitik eine erhebliche Rolle spielen. Und Mehrheitsbeschlüsse sind nur dann ein Ausdruck objektiver Richtigkeit, wenn sie unter gleichartigen gefaßt werden.

Innerhalb dieser allgemeinen Umgrenzung ist auch naturgemäß die Sonderfrage der Organisation der akademischen Techniker zu betrachten. Der akademische Ingenieur scheidet sich wirtschaftlich in den Angestellten, beamteten, Selbständigen. Zwischen ersterem und letzterem sind alle denkbaren Zwischenstufen vorhanden. Maßgebend für alle ist der Ingenieurberuf, der an erster Stelle zu stehen hat. Darum muß jeder das gleiche Interesse haben. Der angestellte Ingenieur ist in erster Linie Ingenieur, und wird er Beamter, so bleibt er doch Ingenieur, wie auch der zur Selbständigkeit oder zur Führerstelle gelangende. Es hieße natürlich Vogel-Strauß-Politik treiben, wenn man sich der Erkenntnis verschließen wollte, daß es heute und früher vielfach nicht so war. Der beamtete Ingenieur glaubt die Tatsache des Beamtenverhältnisses mehr in den Vordergrund rücken zu müssen als den Beruf, der Führende in einem Unternehmen seinen leitenden Posten. Gerade daran krankte in Deutschland der Ingenieurberuf: Zu Amt und Stellung gelangte Ingenieure zogen die „Stellung“ dem „Ingenieur“ vor. Es ist nicht Beruf, Direktor einer Aktiengesellschaft zu sein oder Dezernent einer technischen Verwaltung; das ist „Stellung“. Das Primäre hat immer der Beruf zu bleiben. Diese Erscheinung hat der Technik im allgemeinen und dem Ingenieur im besonderen geschadet. Sie erklärte sich aus dem Mangel einer Organisation der Ingenieure, durch den der Begriff des „Ingenieur“ eine Vieldeutigkeit erlangte. Diese führte mehr und mehr dazu, daß die Stellung über den Beruf gestellt wurde und jeder es verschmähte, sich Ingenieur zu nennen, wenn er eine Amts- oder Stellungsbezeichnung führen konnte.

Die Frage wurzelt daher in der „Ingenieurfrage“. Der VDDI hatte das seit langem erkannt und den Versuch der Lösung gemacht, die aber nicht angenommen wurde. Er wollte an das Historische des Ingenieurbegriffes anknüpfen und aus den Ingenieuren einen geschlossenen Berufsstand machen. Man hat dagegen u. a. eingewendet, daß dies nach Kastenbildung schmecke. Es kann aber von Kaste keine Rede sein, wenn das Tor zu dem Beruf jedem geöffnet wird, der seine Befähigung erwiesen hat und den Anforderungen billigerweise entspricht, die an den Durchschnitt der Berufstreibenden im Interesse der Gesamtleistungsfähigkeit, mit der das Ansehen des Berufes zwangsläufig verbunden ist, gestellt werden müssen.

Die Hindernisse, die sich dieser Lösung entgegestellten, haben sich heute verstärkt; die Ursachen brauchen nicht weiter auseinandergesetzt zu werden. Daß aber die „Ingenieurfrage" je länger, je mehr brennend wird, ist heute in weiteren Kreisen erkannt worden als früher. Die da und dort angestrebten Lösungen scheinen sich jetzt auf zwei Richtungen zu verdichten: Der Verein deutscher Ingenieure und ihm nahestehende oder von ihm geführte Verbände erstreben einen „Berufsschutz", der den Mitgliedskreis dieses Vereines etwa umfassen soll. Von andrer Seite scheint man eine Lösung der Frage darin finden zu wollen, daß nicht die Bezeichnung „Ingenieur", sondern eine neue Berufsbezeichnung für alle Techniker geschützt wird, die eine technische Prüfung abgelegt haben. In Einzelheiten dieser beiden Vorschläge einzugehen, ist hier nicht der Ort. Für die Ingenieure mit abgeschlossener Hochschulbildung können beide Lösungen vorerst nicht befriedigen. Man wendet ein, daß doch diese Gruppe durch die Bezeichnung „Dipl.-Ing." innerhalb der Ingenieure eine besondere Kennzeichnung habe. Darüber brauchen Worte nicht verloren werden, daß der Dipl.-Ing. im Falle des weitgespannten Schutzes der Bezeichnung Ingenieur sich noch weniger einbürgern wird, als beim jetzigen Zustand. Der Diplom-Ingenieur wird mehr noch als bisher eben dann schlechthin „Ingenieur" heißen. Wie dem auch sein möge, die eigentliche Organisationsfrage der Ingenieure mit abgeschlossener Hochschulbildung ist damit nicht gelöst. Ihre Lösung liegt nicht allein in der Frage der Berufsbezeichnung, sie liegt auch in der Vertretungsmöglichkeit der Berufsinteressen durch den Berufsverband.

Die Lösung der ganzen Frage kann nur in der einheitlichen Organisation der akademischen Ingenieure gefunden werden. Das Fundament dieser Organisation ist bedingt durch die verschiedene Art der Ausübung des Berufes. Wie der Bau, der sich auf diesem Fundament erhebt, gegliedert werden muß, das ist eine Sonderfrage für sich. Das ist eine Frage der Architektur und Innenausstattung, Hauptsache ist der Block der akademischen Ingenieure, den zu schaffen die nächste Aufgabe sein muß. Die Zeit ist schon sehr weit vorgeschritten. Eile tut not.

Um die Wirksamkeit eines solchen Blockes zu erfassen, möge man den Verband der Aerzte zum Vergleich heranziehen. Es wird ja wohl eingewendet, daß gegen die Allumfassung der akademischen Ingenieure die heutigen arbeitsrechtlichen Gesetze sprechen, die ganz bestimmte Vorschriften über die Gestaltung der „anerkannten" Organisation machen. Dem ist entgegenzuhalten, daß ein Block der akademischen Ingenieure, der so gut wie restlos die Berufsangehörigen umfaßt, von keiner Gesetzgebung ausgeschaltet hätte werden können noch in Zukunft ausgeschaltet werden kann. Dem ist entgegenzuhalten, daß diese Gesetze ihrer geschichtlichen Entwicklung nach und in ihrem Aufbau stets auf die Bedürfnisse großer Massen zugeschnitten sind und sein werden, und daß sie den besonderen Anforderungen, die akademischen Berufe stellen müssen, bei schematischer Auslegung nicht gerecht werden können. Keine Regierung, die es ernst nimmt mit der Förderung des Staates, wird es wagen dürfen, die geschlossen auftretenden akademischen Ingenieure auf die Dauer zu entrechten, ihnen das elementare Recht streitig zu machen, ihre Interessen in der Form zu vertreten, die sie selbst als am geeignetsten halten, um den Beruf zur vollen Blüte zu bringen, damit er Staat und Volk den größten Nutzen bringen kann.

Gerade aus letztem Grunde muß die Lösung der Organisationsfrage auf der Einheit der akademischen Ingenieure aufgebaut sein. Die einzelnen wirtschaftlichen Gruppen, allein für sich organisiert, unterliegen ständig der Gefahr, lediglich Eigenpolitik zu treiben. Die berechtigten Belange der einzelnen Gruppen müssen in Uebereinstimmung mit der Gesamtnotwendigkeit gebracht werden. So liegt diese Lösung auch ganz in der Richtung heutiger Sozialpolitik: in der Arbeitsgemeinschaft. Die akademischen Ingenieure müssen sich ihre Arbeitsgemeinschaft selbst bilden, ihre wirtschaftlichen und sozialen Fragen in Selbstverwaltung lösen. Kein Gesetz wird sie darin beschneiden können, wenn sie selbst in dem Gedanken und dem festen Willen, ihn durchzuführen, einig sind.

Der VDDI ist der Eckstein des Baues. Es liegt nur an den akademischen Ingenieuren selbst, nun auch das Haus zu bauen, jeder Einzelne ist ein wichtiger Stein im Bau. Es ist falsch die Frage zu stellen, was leistet der Verband für mich. Die Aufgabe muß sein, hier wie überall, Zukunftsarbeit zu leisten. Wer sich nur an die Gegenwart hält, ist nicht bauendes Mitglied der Menschheit. Und die klassenpolitisch orientierte Gegenwart kann und darf nicht Dauerzustand sein. Der Ueberwindung der Klassengegensätze aber dient die berufsständische Einheit der akademischen Ingenieure.

FSC
www.fsc.org
MIX
Papier | Fördert gute Waldnutzung
FSC® C083411

Kolibri 360 GmbH
Ferdinand-Jühlke-Straße 7
99095 Erfurt, Deutschland
produktsicherheit@kolibri360.de